IRE

3

L'ABONDANCE,

OU VE'RITABLE PIERRE PHILOSOPHALE.

Qui consiste seulement à la multiplication de toutes sortes de grains, de fruits, de fleurs, & généralement de tous les végetatifs.

Par le Sieur PIERRE BRODIN DE LA JUTAIS, Médecin Privilégié du Roi, par Brevet exclusif, pour la composition, vente, & distribution de la Poudre fébrifuge, dans toute l'étendue du Royaume.

A PARIS,

Chez DELAGUETTE Imprimeur du Collége & de l'Académie Royale de Chirurgie, rue S. Jacques, à l'Olivier.

M. D. CC LII.

A MONSEIGNEUR LE COMTE D'ARGENSON,

Ministre & Secrétaire d'Etat de la guerre, Grand-Croix, Ancien Chancelier de l'Ordre Royal & Militaire de S. Louis, Surintendant général des Postes, &c.

MONSEIGNEUR,

Comme VOTRE GRANDEUR s'est toujours fait un

vrai plaisir d'être le puissant Protecteur des Arts, des Sciences, & de tout ce qui peut être avantageux à notre Souverain Monarque & à ses Sujets.

Dans cette confiance, j'ai cru Monseigneur que VOTRE GRANDEUR *auroit pour agréable, la liberté que je prend de lui dédier ce petit Livre, qui contient un des plus beaux secrets qu'on puisse trouver dans la nature, puisqu'il apprend la maniere de procurer l'abondance de toutes sortes de grains, de fruits, & de fleurs.*

J'y combat l'erreur de ceux qui cherchent la Pierre philosophale, en prouvant que la véritable ne consiste que dans l'agriculture.

Je puis assurer VOTRE GRANDEUR, *que tous ceux qui mettront en pratique la maniere que j'enseigne pour emblaver les terres; trouveront que je n'avance rien que dans la pure vérité, suivant toutes les expériences que j'en ai fait avec succès.*

Le nom de VOTRE GRANDEUR, *sera Monseigneur, l'ornement de ce petit Livre; ce sera lui, qui y donnera une si pleine confiance que chacun sera empressé de mettre la main à l'œuvre, pour en voir la réussite : & jusqu'à la plus éloignée postérité : on remarquera que cette heureuse découverte est arrivée au tems du sage Ministere de VOTRE GRANDEUR.*

Je m'estimerai heureux, si elle veut bien regarder ce petit Ouvrage, comme un hommage que je joints au très-profond respect avec lequel j'ai l'honneur d'être,

MONSEIGNEUR,

DE *V*OTRE GRANDEUR,

Le très-humble & très-obéissant Serviteur P. BRODIN de la Jutais, Médecin Privilégié du Roi.

AVANT-PROPOS

Touchant l'abondance.

IL ne s'agit point ici de cette Pierre philoſophale dont la recherche incertaine, ou chimérique, a cauſé ſi ſouvent la ruine de tant de riches maiſons.

Celle-cy au contraire eſt très-réelle, & bien expérimentée, par conſéquent capable d'enrichir tous ceux qui la mettront en pratique; elle n'eſt point obſcure; mais plutôt très-facile à comprendre, & à mettre en uſage.

Elle conſiſte dans une multiplicité de toutes ſortes de

grains, de fruits, & de fleurs, même de tous les végetatifs ; elle en renouvelle les eſpéces, en leur redonnant leur premiere vigueur, bonté & beauté.

Que peut-on ſouhaiter de mieux, & plus capable de remplir les déſirs ? Peut-être même une partie de ceux de notre Souverain Monarque, puiſqu'il n'a rien tant à cœur que de voir la proſpérité dans les biens de ſes Sujets, qui par ce moyen augmenteront infailliblement ſes richeſſes.

Quelle ſatisfaction ne reſſentiroit-il pas ? ſi un jour il voyoit l'abondance dans ſes campagnes.

Il ne s'enſuivra pas de là que tous les hommes deviennent riches, puiſque cette abondance ne regarde uniquement que ceux qui ont des fonds de terre.

Mais ce ſera le véritable & le plus aſſuré moyen de garantir le Royaume de diſette ; puiſque la variété des ſaiſons, les grêles, les tempêtes, les débordemens des fleuves, des riviéres, & autres incidens, enlevent le plus ſouvent les plus belles récoltes.

Par conſéquent les greniers étant pleins, peuvent ſuppléer aux mauvaiſes années.

En effet, qui peut être plus à craindre que la famine,

puiſqu'il s'enſuit toujours après elle, une infinité d'autres fléaux, & miſéres, ainſi que l'hiſtoire des Siécles paſſés nous le prouve ?

Mais peut-être dira-t-on, ce ſecret paſſera bien-tôt dans les Pays étrangers ; qu'importe, ſuivant la charité & l'Eſprit de Dieu, il doit être pour tous les hommes, puis qu'ordinairement les récoltes ne ſont point univerſelles ; une réuſſite dans un Climat, qui manque dans un autre. C'eſt ce qui forme une partie du commerce.

D'ailleurs nos voiſins peuvent-ils ſe flatter d'avoir un air auſſi temperé que la France, & qui ſoit auſſi propre à la production de toutes sortes d'alimens les plus sensuels.

Comme mon dessein est de parler de tout ce qui peut donner l'abondance dans le Royaume, j'ai observé que le miel & la cire, étoient encore d'une nécessité des plus importantes ; & que faute d'en avoir la quantité qui convient, il en résulte bien des incidens.

Je fais voir au sixéme chapitre quels sont les inconvéniens qui empêchent la multiplication des Ruches dans le Royaume, & les moyens qui pourroient être pratiqués, pour les lever en faveur des Abeilles, qui par leur travail aſſidu procureroient les facilités aux pauvres Laboureurs d'élever leurs familles, ſi néceſſaires à la culture des terres. Une des principales raiſons, qui m'ont encore engagé à parler des Abeilles, eſt parce qu'elles engendrent les chaſſes Calandres, ſi utiles dans les granges & greniers, pour la conſervation des bleds.

Le ſeptiéme & dernier Chapitre, enſeigne la maniére de nourrir, & engraiſſer la volaille à peu de frais, afin d'en procurer l'abondance.

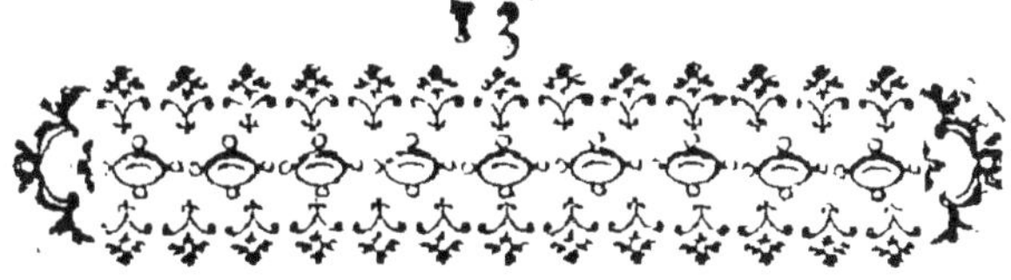

L'ABONDANCE
OU
VE'RITABLE PIERRE PHILOSOPHALE.

Qui consiste seulement à la multiplication de toutes sortes de grains, de fruits, de fleurs, & généralement de tous les végetatifs..

CHAPITRE PREMIER.

SI on veut bien faire attention aux écrits que les Anciens Philosophes ont laissé à la postérité, touchant le grand œuvre, ou pierre Philosophale, on reconnoîtra facilement que leur Mercure n'est point le métallique, comme certains Chimistes l'ont voulu pratiquer, pour en composer de l'or.

On verra au contraire que le véritable Mercure des Philosophes, consiste dans cette Essence spirituelle, & universelle, qui se trouve répandue dans l'air & en tous lieux, même au centre de la terre; qui est contenue dans les choses les plus communes, qui tombe (disent-ils) sur le Palais des Rois, comme sur les cabanes des Bergers.

Cette Observation n'est-elle pas plus que suffisante, pour nous faire comprendre que ces Anciens Sçavans, ont plus voulu parler de l'art de bien faire produire les terres, que de celui de changer la nature des métaux.

En effet, que voit-on tomber ſur les Palais des Rois, comme ſur les cabanes des Bergers, ſi ce n'eſt les pluyes, les neiges, & les roſées ; & qui y a-t'il de plus vil que les fumiers, n'eſt-ce pas effectivement autant de tréſors exiſtans, & non fabuleux, puiſqu'ils ont toujours été abſolument néceſſaires aux productions générales depuis le commencement du monde ; ſans eux tout périroit, parce qu'ils contiennent cette eſſence toute vivifiante, inviſible, & univerſelle. En un mot, ce ſont eux qui agiſſent avec un ſingulier ſuccès à la perfection de notre véritable Pierre Philoſophale, dont le but n'eſt autre que le ſecret de faire multiplier abondamment les grains, & les fruits.

Nous allons voir dans le chapitre ſuivant ce que c'eſt que cette eſſence vivifiante, inviſible & univerſelle, dont les Anciens Philoſophes ont tant fait de myſtéres dans leurs écrits.

CHAPITRE II.

Qui fait voir que le véritable Mercure des Philoſophes, n'eſt point le Mercure métallique; mais plûtôt que c'eſt cette Eſſence univerſelle, dont le Salpêtre rafiné eſt en partie formé.

LE plus grand myſtére de nos Anciens Philoſophes a été parfaitement découvert, lorſqu'on a trouvé le ſecret de tirer par des leſſives les nitres de la terre, & des matiéres les plus communes & les plus viles; de les purifier, & reſtraindre ſi bien, qu'il s'en forme ce beau ſalpêtre tranſparant, tel qu'on le vend actuellement dans l'Arcenal à Paris.

C'eſt donc par conſéquent cet ouvrage qui a rendu cette eſſence univerſelle, matérielle, & viſible, d'inviſible qu'elle étoit.

Or c'eſt ce Salpêtre rafiné qui ſe fait reconnoître aujourd'hui pour le véritable Mercure des Philoſophes, en ce qu'il agit & ſe démontre en tant de différentes maniéres & figures, qu'on ne ſçauroit le méconnoître.

Tantôt, c'eſt ce redoutable qui détruit les Armées par mer & par terre, qui renverſe dans un inſtant les Remparts des Villes, & des Fortereſſes, qui briſe les montagnes, qui fend les arbres les plus durs, & les plus gros ; & d'autres fois nous donne des ſpectacles recréatifs, tels que les feux d'artifices.

Diſons plus en portant nos idées plus haut, que cette eſſence eſt l'origine des tonneres, lorſqu'étant mêlée dans les vapeurs ſulphureuſes & impures de la terre, élevées dans l'air par l'attraction du ſoleil, y forment enſemble une matiére, qui de ſoi-même s'enflamme ſi ſubitement, que ſon impétueuſe action & bruit épouventable, porte l'effroy & la terreur à toutes les créatures qui ſe trouvent ſous leur horiſon ; mais par bonheur, cette crainte terrible, n'eſt que paſſagere, un tems plus tranquille & favorable ſurvient, qui porte la joye dans le cœur des hommes, en donnant à la terre des roſées & des pluyes, ſans leſquelles, elle ne ſçauroit fructifier, parce qu'elles contiennent cette essence vivifiante, & invisible, qui donne la force & la vigueur à tout ce que la nature peut produire.

On ne peut disconvenir que les feux souterrains ne poussent en dehors les exhalaisons & vapeurs de la terre, & que l'attraction du soleil ne les enleve; même souvent avec des matieres si grossieres, qu'on en voit retomber des pluyes mêlées de grenouilles, ou de crapaux; la partie la plus légere restant dans les nuages, pour y être épurée par l'air, & le soleil.

Les trombes qu'on voit se former à la mer, ne nous prouvent-elles pas aussi cette attraction du soleil, qui comme un alembic en sépare des eaux le plus pésent, qui est le sel, pour n'en reserver dans les airs que la partie la plus douce, & la plus remplie de cet esprit vivifiant.

En effet, qui peut disconvenir que les eaux de la mer ne soient naturellement composées & ne contiennent cette essence, puisqu'elle est en partie l'aliment de l'immense quantité de poissons qu'elle contient, lesquels ne pourroient vivre ni multiplier sans cet esprit vivifiant.

C'est une mane pour eux, qui non seulement les nourrit; mais les conserve en pleine vigueur & santé; aussi ne sont-ils jamais attaqués de l'infirmité des maladies; parce que tout est pur dans cet élement, qui rejette au dehors toutes les matiéres impures, que le hazard y introduit.

C'est ce qui m'a fait penser, &

je ne crois pas me tromper, que la mer eſt le véritable dépôt, le centre & la ſource inépuiſable de cet eſprit vivifiant, & qui ne devient vivifiant à la terre, & à la mer, que par l'attraction du ſoleil qui le répand par tout l'univers avec l'aide des vents.

De plus, outre l'effet des Trombes que nous venons de citer, ne voit-on pas s'élever de la mer des exhalaiſons, & vapeurs, comme ſur la terre, leſquels y forment auſſi des brouillards ſi épais, & ſi obſcurs, qu'il eſt arrivé ſouvent que des Vaiſſeaux ſe ſont choqués, & abordés, ſans avoir pû le prévoir, ni s'en appercevoir. Ces brouillards ne ſont diſſipés que par l'attraction du ſoleil; c'eſt pourquoi on pronoſtique en les voyant, que les pluyes s'en ſuivent ordinairement de près;

par conſéquent la mer eſt la ſource inépuiſable des pluïes qui par cet eſprit vivifiant qu'elles contiennent, fertiliſent & enrichiſſent nos campagnes, en les arroſant ; c'eſt une circulation & correſpondance perpétuelle de la mer à la terre, & de la terre à la mer.

Pluſieurs Philoſophes ont cru pouvoir tirer des pluyes, & des roſées, cet eſprit vivifiant dans toute ſa pureté, avant qu'il fût incorporé avec les nitres & ſels âcres de la terre ; & ſur cette matiére, établir le premier travail de la Pierre philoſophale, dont ils ne donnent aucun éclairciſſement ni preuve.

Cependant, c'eſt ce qui donne lieu à certains eſprits induſtrieux, de vouloir perſuader qu'ils ſont très-habiles à tirer des roſées cet eſprit vivifiant, qu'ils prétendent sçavoir joindre avec l'essence de l'or le plus pur ; & qu'avec cette matiére, ils fixeront le Mercure métallique, qui pour lors sera converti en or le plus beau & le plus parfait ; ce qu'ils multiplieront autant de fois qu'ils le jugeront à propos.

Un esprit bien sensé, ne voit-il pas que ce n'est qu'une pure chimére, inventée pour attraper les dupes.

J'aimerois autant qu'on me dise, qu'on peut faire des fruits aussi beau, aussi excellens, & du même goût que ceux que produisent les arbres.

Comme il n'appartient qu'à la nature de former les végetatifs, & leurs fruits, je suis persuadé qu'il n'appartient qu'à elle de former l'or, & les autres métaux dans les veines de la terre.

On peut bien en faire un mêlange trompeur en couleur; mais qu'il ait la qualité & pureté de celui que la nature a produit, je n'en crois rien.

Attachons-nous seulement aux faits naturels que l'expérience apprend; parce que pour lors, ils ne sont point douteux ni trompeurs.

Nous avons fait voir combien les effets du salpêtre rafiné étoient effrayans; regardons-les présentement dans un autre genre tout opposé, puisque nous pouvons le rendre benin, & bien faisant, en lui ôtant son acrimonie, & son action fougueuse, & ainsi le mettre en état de faire fructifier abondamment tous les grains, fruits, & généralement tous les végetatifs que la nature nous produit, en développant les germes qu'ils con-

contiennent, & en les renouvellant en pleine force & vigueur.

Le chapitre ſuivant va nous l'apprendre.

CHAPITRE III.

Contenant la compoſition du ſel ou eſſence de production, qui eſt la véritable Pierre philoſophale; puiſque celui qui a le bonheur d'avoir beaucoup de blés, de vin, & de fruits à vendre, en fait incontinant de l'or & de l'argent. Par conſéquent, on peut dire, que notre Pierre philoſophale fait l'or & l'argent.

CErtains Philoſophes ont voulu aſſurer que pour faire de l'or, il faut abſolument en avoir l'essence, sans laquelle il n'est pas possible de bien réussir: c'est qu'apparemment ils ont voulu dire, qu'on ne sçauroit bien parvenir à la véritable multiplication des végetatifs, qu'en incorporant leur essence avec celle contenue dans le salpêtre rafiné. L'expérience prouve cette vérité.

Pour le bien faire, il faut mettre sur le feu dans une cheminée, ou au grand air, un vaisseau de fer, soit cuillier, marmitte, ou autre de la grandeur qu'on le juge à propos, pour y faire fondre la quantité de salpêtre rafiné qu'on y veut employer: lorsqu'il est fondu, ou prêt de l'être, on y introduit une pincée de l'espéce de graine qu'on veut ensemencer; par exemple, si c'est du bled, il faut que la pincée ne soit que d'environ 20. à 30. grains, qui fait aussi-tôt une détonation de fumée noire, suivie d'une flâme blanche & bleue, à la fin de laquelle on en recommence une autre, avec la même quantité de grains; ce qu'on continue jusqu'à ce que les détonations ne paroissent plus; car pour lors l'ouvrage est fait. *Nota* qu'à la fin de chaque détotation, on doit rémuer la matiére avec une verge de fer, avant d'en recommencer une autre.

Si on met le tout dans le lieu humide, cette matiére se convertit en huile, qu'on conserve en bouteilles tant qu'on veut. On peut pour lors l'appeller essence de production & fécondité, parce qu'elle l'est en effet.

Si au contraire on veut la dissoudre promptement dans le menstrue que nous allons enſeigner cy-après, l'orſqu'elle eſt encore dure, il faut la réduire en poudre.

Cette matiére avant de la mettre en poudre, eſt ſi incombuſtible, que les charbons ardens ne peuvent la conſommer.

Nous avons déja fait obſerver que chaque végetatif demande ſa propre eſſence pour le porter à la multiplication, ſoit en beauté, groſſeur, & bonté, d'où s'enſuit, qu'on doit en uſer envers toutes ſortes de grains, de la même maniére que nous venons de l'enſeigner pour le bled; & cela juſqu'aux plus petites graines, tant de celles des Jardins potagers, que pour celles de toutes ſortes de fleurs; car on peut faire en petit, ce que l'on fait en grand, en ſuputant & proportionnant les doſes. Il en eſt de même de toutes ſortes d'arbres portant fruit.

Pluſieurs perſonnes ont été aſſez abuſées de croire que tout le ſecret conſiſtoit ſeulement à fixer le ſalpêtre ſimplement avec du charbon ; c'eſt pourquoi ils ont toujours mal réuſſi.

Feu M. l'Abbé de Valmont avoit commencé de le pratiquer ainſi, c'eſt ce qui lui a fait reconnoître dans le Livre qu'il a compoſé ſur cette matiére, que la fixation faite avec le charbon, n'étoit point ſuffiſante ; mais il n'en ſçavoit pas davantage à ce ſujet.

Il propoſe auſſi pluſieurs matiéres qu'il faut, dit-il, rechercher, & conſerver pendant le cours de l'année, afin de les employer aux ſemences de l'automne, tels que de vieux cuirs, ou ſavates, de groſſes plumes des cornes, des pieds de volailles, & autres excrémens.

Je conviens que ces sortes de matieres peuvent contenir une certaine quantité de sels, propres en quelque maniere à la multiplication des végetatifs, tels que des choux, lorsqu'on les plante; mais pour les semences, qui seroit celui qui voudroit s'assujettir à en faire la recherche, quand même il pourroit en trouver suffisamment, & de plus, porteroient-ils jamais la fécondité des grains au même degré de perfection que fera notre Essence de production; non certainement ils n'en donneroient pas le quart.

CHAPITRE IV.

Touchant la multiplication de tous les végetatifs.

MENSTRUE GÉNÉRAL.

COmme nos essences de fécondité demandent pour agir avec succès, d'être incorporées dans la nourriture ordinaire des végetatifs qui sont des jus de fumier. Voici la maniere de les préparer.

Elle consiste à mettre dans le quart d'un tonneau défoncé par un bout, ou dans plusieurs, parties égalesde quatre sortes de fumiers ; sçavoir du bœuf, du cheval, du mouton, & du pigeon, (qu'ils soient mâles ou femelle, peu importe) faire chauffer de l'eau de pluye, ou de riviere, dans un grand chaudron, ou dans plusieurs, & quand elle bouillira, vuidez-la dans cet état sur ce mêlange, & mettez-y en tant, qu'elle remplisse le tonneau à un demi pied près du bord; remuez bien le tout avec un bâton, couvrez le tonneau, & le laissez fermenter quatre ou cinq jours, ayant soin pendant les trois premiers jours, d'agiter les matieres deux fois le jour. Coulez ensuite le clair par un linge, & le conservez, pour y incoporer l'essence de fécondité.

L'opération de ce menstrue, se fait très-facilement dans une étable, ou dans une écurie, audehors desquelles, on peut faire bouillir le chaudron ou plusieurs sur trois pierres, au défaut de trepié.

USAGE DE CE MENSTRUE.

Mettez quatre - vingt - dix liv. de poids de marc de menſtrue dans une cuve, ou autre vaiſſeau ; incorporez y une demie livre auſſi poids de marc d'eſſence de fécondité, & faite imbiber à froid dans cette mixtion, ſoixante livres péſant de froment pendant 24 heures.

Pour n'avoir pas l'embarras de péſer ce menſtrue, on met autant de meſures de liqueur, comme il y a de meſures de graines qu'on veut ſemer, leſquelles ayant infuſé 24 heures dans le menſtrue, ſi le tems eſt ſec, on les fera égouter une heure ſeulement dans un ſac ſuſpendu, puis on les mêlera avec là moitié de leur meſure de gros ſon, ou de paille hachée, ou de balle d'avoine, ou de ſable de mer, ſi on en a, & cela, afin que le Laboureur puiſſe toujours ſemer à pleine main à ſon ordinaire ; cependant plus clair ; parce que les ſemences ainſi préparées forment des touffes abondantes en pages ou rejettons vigoureux, qui produiſent chacun leur épi magnifique. Autrement ſi on ſemoit la même quantité qu'on a coutume de faire, le tout ſeroit ſi ſerré, ſi épais, & ſi étouffé, qu'il n'y auroit que l'herbe, ſans aucune production.

Mais ſi la terre eſt humide, il faut étendre les graines au ſortir de l'imbibition dans un grenier, pour les laiſſer eſſorer 12 heures, ou environ avant de les ſemer.

Il faut remarquer que l'orge doit tremper dans ſon menſtrue

deux fois 24 heures, & qu'il n'en abſorbe que les deux tiers; mais le tiers de la liqueur reſtant, peut ſervir pour en faire imbiber d'autres.

Nota. Il faut bien prendre garde que ce menſtrue ſe glace quand la ſemence y eſt; car le grain ſeroit perdu, par la mort des germes; c'eſt pourquoi prudemment on doit ſemer avant le gros froid.

Voici une autre maniere de faire imbiber les grains, qui a auſſi très-bien réuſſi, lequel on met en uſage, pour employer ce qui peut reſter de menſtrue, après avoir fait tremper les premieres ſemences, afin que rien ne ſoit perdu.

C'eſt de meſurer la quantité de grain que vous devez jetter en terre le lendemain; & dans le grenier, ou ailleurs, l'arroſer de ce menſtrue avec un petit balai, en remuant bien le tas avec des pelles, & continuer ainſi deux ou trois fois par jour, juſqu'à ce que les graines paroiſſent bien impregnées, & gonflées.

C'eſt leur donner leur premiere nourriture, ce qu'une terre ingrate, ou qu'on a fait trop travailler, n'eſt point en état de leur donner, parce que ſon eſſence vivifiante, a été conſummée, & qu'on ne l'a point laiſſée aſſez repoſer, pour pouvoir acquérir ces nouveaux nitres de production, dont les pluyes, les neiges, & les roſées l'auroient remunie, & par conſéquent rendue en état de fructifier, comme la premiere fois qu'elle a été labourée; car on ſçait par expérience & par cette même raiſon, qu'une terre neuve a toujours donné le double plus de récolte que n'en donnent les autres, quoi qu'elles ayent reposé.

Par conséquent, notre menstrue est la premiere substance donnée aux grains, & qui en même-tems en développe les germes, en leur donnant une vigueur qui ne demande que d'être soutenue par de bons fonds de terre où les racines puissent s'étendre, comme nous allons l'expliquer dans la suite de ce chapitre; car on ne doit pas s'attendre qu'une mauvaise terre, & qui n'a point de fond, puisse produire autant qu'une bonne; cependant il est certain, que quelque mauvaise qu'elle soit, elle produira par cette préparation, dix fois plus qu'elle ne faisoit.

Cette même opération du regonflement des grains se peut faire en petit comme en grand; non seulement sur toutes sortes de légumes, tels que des pois, féves, & autres, mais encore sur tout le genre végetatif; puisqu'à l'égard du menstrue, on peut ranger les 4 dans un pot, comme dans un tonneau, en y versant dessus l'eau bouillante d'un coquemar.

Pour régle génerale, il faut toujours sémer les grains & les légumes préparés avec ce menstrue dans le moment que la terre est labourée, afin que les semences par l'aimant des sels dont elles sont imprégnées & gonflées, attire plus abondamment l'esprit universel répandu dans l'air, lequel étant mélé avec la substance & nitre de la terre, que les feux souterains poussent continuellement en exhalaisons, & en vapeurs, ce qui eſt le principe de tous ls vęgetatifs.

Comme on ſeme fort clair les grains préparés avec ce menſ-ſtrue, il faut un tiers moins de ſemences qu'on a coutume d'employer à l'ordinaire, les blés en ſont bien plutôt murs. C'eſt pourquoi il les faut ſcier 15 jours ou trois ſemaines avant les autres, crainte que le vent ne les égraine.

On en fera la même choſe envers les noyaux des pêches, des abricots, des prunes, ceriſes, & autres, les abres qui en procéderont ainſi préparés, porteront des fruits d'une beauté, & bonté charmante; ſur-tout ſi on continue d'arroſer leur pié une fois l'année du même menſtrue, ou leur eſſence ſera mêlangé.

Il en ſera de même de toutes

les fleurs ; & de leurs oignons ; en arrosant aussi de leur menstrue la terre où ils seront, soit dans des pots, ou ailleurs.

Mais revenons à la multiplication des grains qui sont nos alimens, & qui méritent le plus notre attention, parmi lesquels les grains de bled sont estimés à un si haut degré de perfection, qu'à bien considérer, rien dans le Monde ne peut les égaler, pas même l'or, ni les pierres précieuses, qui n'ont pour toute utilité, que la dureté, & le brillant, au mépris des oiseaux & des bêtes ; au contraire le bled nous donne un pain nourrissant, & si distingué, que Dieu l'a choisi, pour le transformer en son corps mistique.

N'est-on pas dans l'admiration, quand on observe de près un grain de bled, lorsqu'il commence ſon action végetative en terre ; on y reconnoît qu'il contient une multitude de germes de deux eſpéces, les uns pour produire des racines, & les autres pour la végetation. Ceux des racines ſortent les premiers ; enſuite on voit d'un jour à l'autre, pouſſer des rejettons qui forment la toufle, quelquefois en ſi grand nombre, qu'on y en a compté juſqu'à ſoixante épis magnifiques, produits d'un ſeul grain, par cette préparation.

A l'égard des racines, il eſt ſurprenant juſqu'à qu'elle profondeur elles s'étendent en terre, lorſqu'elles y trouvent des fonds qui leur conviennent.

C'eſt ce que j'ai reconnu au Printems à un champ de bled, au bout duquel paſſoit une petite Riviere, laquelle ayant débordé, le ſapa de maniere qu'il en tomba une groſſe partie dans l'eau, enſorte que le centre de la terre de ce champ, ſe trouva ſi bien découvert, qu'on y voyoit toutes les racines blanches du bled.

Je fus curieux d'y faire porter une échelle d'une maiſon voiſine; la diſtance depuis le bord de l'eau, juſqu'à la ſuperficie du champ, étoit de 18. pieds. Je commençai par m'emparer d'une touffe de ce bled, qu'inſenſiblement je détachai de la terre en la gratant avec la main, & conduiſant ainſi délicatement les racines à proportion que je deſcendois l'échelle; j'y réuſſi ſi bien, que je l'emportai chez moi, comme une curioſité que j'avois ignoré juſqu'alors, ainſi que bien d'autres, auxquels je la fis voir, ayant par conſéquent dix-huit pieds de longueur.

Ces ſortes de racines ſont blanches, creuſes, & très-fragiles, ce ſont autant de pompes qui ſe multiplient à droite & à gauche, à proportion qu'elles deſcendent de la terre, pour en tirer la chaleur en hiver, & la fraîcheur en été, avec toute la ſubſtance qui peut s'y trouver.

J'ai vû auſſi des racines de vignes, en faiſant creuſer un puits, qui avoient pénétré en terre à plus de ſoixante pieds de profondeur; elles ſont poreuſes, par conſéquent elles ont le même effet attractif; car il n'y a aucun végetatif qui n'ait ſon aimant, pour attirer à lui la même choſe.

Divin Créateur que vos ouvrages ſont admirable! Nous en reconnoiſſons les miracles perpétuels, non ſeulement dans tous les plus grands, mais encore dans les plus petits, où les yeux les plus clairvoyans, ni peuvent rien diſtinguer, tels ſont les germes contenus dans tous les végetatifs; les Microſcopes les plus parfaits y ſont inutiles; cependant inſenſiblement ces germes ſe dévelopment, & croiſſent avec tant de vigueur, qu'ils parviennent à l'état de perfection, pour pouvoir produire leurs ſemblables en abondance.

Par exemple un glan de chêne, châtaigne, ou noix, mis en terre, ne démontre d'abord qu'un germe; mais qui peu à peu s'allonge, devient arbre & ſe groſſit de plus en plus; enfin ſe forme de façon que toutes les années, il donne une multiplicité de fruits, qui ont tous la même vertu de produire, & c'eſt ainſi que tout circule, & circulera; car nous ne doutons pas que dès le commencement du Monde le cours du ſoleil n'ait toujours été le même; ni plus long, ni plus court, & que c'eſt ce cours que nous appellons années.

Or nous voyons que les années ſuccédent les unes aux autres, en quatre différentes ſaiſons, ou tout ce que la terre produit pour alimens, ſe renouvelle, & ſe détruit alternativement par une corruption ſi abſolument néceſſaire, que ſans elle tout périroit, parce qu'elle eſt en partie la mere nourriſſe des végetatifs, & de tout ce qui eſt animé, pour les régénérer, afin de les reconduire à leur point de maturité & de perfection; ainſi alternativement juſqu'á la fin des ſiécles.

Nous comprenons auſſi clairement que ce prodige admirable ne ſe peut faire que par les différens degrés de chaleur que produit le ſoleil dans les ſaiſons qu'il forme ; puiſque c'eſt lui qui donne le mouvement à tout.

C'eſt lui comme nous avons déja dit, qui forme les nuages par ſon attraction, pour enſuite être répandues en pluyes ſur la terre, afin d'y maintenir la fraîcheur, l'humidité, la fermentation, & la ſubſtance, ſi importante aux végetatiſs, pour pouvoir produire ;

Comme auſſi d'y renouveller la grande utilité du cours des Fontaines, des Ruiſſeaux, des Fleuves, & des Rivieres, qui dépoſent ſans ceſſe dans la mer les escrémens qu'ils entraînent, & qui y servent de nourriture surabondante aux poissons.

Ainsi rien ne se perd dans ce Monde, ou tout s'y retrouve avec le tems, par cette circulation, qui ne cesse jamais ; car les pluyes qui sortent de la mer, y rentrent comme dans leur centre.

CHAPITRE V.

Des heureux avantages qu'on doit tirer de notre Pierre Philosophale, ou essence de production.

LE premier avantage, & profit qu'on tire de notre maniere d'emblaver les terres, est d'épargner pour le moins le tiers des semences qu'on a coutume de pratiquer, ce qui paye bien au-delà de toute la dépenſe qu'on peut faire pour cette préparation.

Un autre avantage qui doit auſſi produire des richeſſes à l'avenir dans le Royaume, eſt d'y faire ſemer des graines de mûriers, qui ſoient préparées à la maniere que nous venons de l'enſeigner, afin d'en former des plans, pour être tranſplantés, dans tous les lieux où le terrain leur ſera propre.

On eſt revenu de l'abus de ceux qui vouloient perſuader que le climat de la France étoit trop froid pour la réuſſite des mûriers, qu'elle n'avoit que le côté de l'Orient pour cet effet.

L'expérience nous a prouvé le contraire, & nous a fait voir que dans tous les lieux ou les muriers à gros fruit viennent, ceux

ceux à petit fruit y réussissent de même. Or de tous tems on a mangé de grosses mures au Nord, comme au Midy de la France, par conséquent les terres, & le climat y sont propres.

Les graines & plans d'asperges preparées de même y viendront d'une grosseur & bonté surprenante.

Il en sera de même de tout ce qu'on voudra planter & ensemencer, jusqu'aux fraises.

Mais voici la plante céleste, dont les excellentes vertus ne sont point assez connues ; c'est cette grande fleur de tournesol, dit soleil, ou héliotrope, qui fleurit au mois d'Août, de laquelle je tire un esprit turbentineux, qui fait partie de la composition de mon arcane céleste, si estimé à Paris, & ailleurs.

J'en plantai un plain Jardin à Vincennes l'Eté de l'année 1736, dont j'avois préparé les graines avec notre essence de production, elles y vinrent si prodigieuses en grandeur & en bonté, que M. Chicoyneau Premier Médecin du Roi qui fut curieux de les venir voir, sur le recit qu'on lui en avoit fait, confessa n'en avoir jamais vû de si magnifiques. M. le Marquis du Châtelet Gouverneur du Château, m'envoya prier pour lors, de vouloir bien lui en envoyer une fleur, ce que je fis, elle avoit la circonférence & la largeur du plus grand chapeau, & l'épaisseur à proportion.

La nature avoit agi dans ces fleurs, avec tant de vigueur, que quoique la graine qui les avoit produites, n'eut été tirée que des ſimples, il y en eut quantité, qui devinrent doubles, de toute beauté.

Qu'on juge après une pareille production, s'il ne doit pas en être de même, envers tous les autres végetatifs dont nous avons parlé ; & deſquels j'ai ſouvent fait des expériences, principalement ſur le bled, les pois, & les féves.

Enfin il ſemblera par l'uſage de ce ſecret, que la nature va recommencer de renaître chez ceux qui le mettront en pratique.

Il n'avance rien que de bien véritable dans ce petit Livre.

Tous ceux qui ſuivront la méthode que j'y enſeigne, reconnoîtront par leur propre expérience que j'ai accuſé juſte. En effet, ne ſeroit-ce pas me perdre de réputation, de vouloir en impoſer à mon Roi, & à ma Patrie ; d'ailleurs quel profit m'en reviendroit-il ?

Je ne me vante point d'être le premier qui ait parlé de la multiplication des végetatifs ; mais je me fais gloire d'être le premier qui l'apprend, dans la ſimple & pure vérité ; ceux qui en douteront, peuvent en faire une petite expérience avec cinq ſols de ſalpêtre rafiné.

Les perſonnes qui ne voudront pas ſe donner la peine de faire les préparations des ſels, ou eſſences de production ; peuvent s'addreſſer à M. de la Jutais, qui leur en fournira la quantité qu'ils ſouhaiteront.

Il demeure à Paris rue de Bourbon, Quartier de la Ville-Neuve, au coin de la rue S. Philippes.

CHAPITRE VI.

Des empêchemens à la multiplication des Abeilles, & du moyen qu'on pourroit pratiquer pour les élever, afin d'avoir l'abondance de cire, & de miel dans le Royaume, principalement en faveur des pauvres Laboureurs, si necessaires à la culture des terres.

NOtre premier dessein étant d'apprendre tout ce que nous pouvons sçavoir, pour procurer l'abondance dans le Royaume.

Nous pouvons citer les Abeilles que le Tout-Puissant a créés avec des vertus singulieres, contenues dans leur cire, & leur miel.

Ce ſont deux proviſions dont un état ne peut point ſe paſſer, l'uſage de la cire étant indiſpenſable dans une infinité d'occaſions, principalement dans les Egliſes.

Le miel ſi recherché autrefois des Romains, en ce qu'ils l'emploient, comme aujourd'hui le ſucre, dans les repas les plus ſenſuels ; l'un & l'autre attiroient leurs attentions pour la multiplication des ruches dans leurs Campagnes.

Toutes les Nations qui en poſſédent, tels que les Turcs, regardent le miel comme un des plus néceſſaires alimens qu'ils puiſſent conſerver dans leurs maiſons ; il eſt toujours prêt pour leurs repas, n'ayant avec lui aucun beſoin ni de feu, ni de cuiſine ; ce qui ne détourne en aucune façon, ni leur travail, ni leur commerce.

N'en eſt-il pas de même chez nos Laboureurs & autres en France, particuliérement pour leurs enfans, qui le plus ſouvent périſſent faute d'un pareil ſecours. En un mot, un Payſan eſt fort mal à ſon aiſe, lorſqu'il n'a pas du miel chez lui.

Qui peut donc empêcher l'abondance du miel & de la cire dans toute la France, où ils ſont d'une ſi grande utilité ? Sont-ce les ennemis des abeilles, tels que les gueſpes, ou certains oiſeaux. Ces petites gueres ne ſçauroient leur porter autant de préjudice comme font les ſouris, lorſqu'elles peuvent pénetrer dans l'intérieur de ces petites Republiques ; elles y font un ravage étonnant ; mais l'attention du Maître peut prévenir ces ſortes d'accidens, qui ne ſont rien en comparaiſon du Raviſſeur qui détruit non-ſeulement les abeilles; mais le plus ſouvent met le comble à l'entiere ruine de toute la famille du pauvre Laboureur.

C'eſt un impitoyable Sergent, & ſes Recors qui viennent ſaiſir & enlever pour dettes ou pour les tailles, toutes les ruches qui étoient ſon unique reſſource; ce pauvre Payſan en ſera-t'il moins redevable! ſa dette en ſera-t-elle acquittée?

Non certainement, il y a un vieux proverbe qui dit que *jamais ſaiſie d'abeilles n'ont payé dettes.*

Il eſt facile d'en comprendre les raiſons.

La premiere eſt que les ruches d'abeilles ſont toujours les derniers meubles ſaiſis du pau-

homme, entiérement ruiné. En second lieu, qu'avant qu'elles ſoient parvenues au lieu deſtiné où elles doivent arriver ; elles ſe trouvent la plûpart conſommées ; parce que perſonne ne ſe fait ſcrupule d'en demander, ou d'en prendre, juſqu'aux enfans y courent après, pour avoir du miel qu'ils voyent couler des ruches dérangées par l'ébranlement, ou des voitures ou des charettes qui en détachent les rayons ; ce qui en fait le plus grand dégât. Et ſi enfin il reſte quelque peu de cire, les frais de la ſaiſie conſomment tout. Par conſéquent ces ruches qui auroient produit & multiplié, ſe trouvent anéanties.

De plus, qu'on examine tous les Procès-verbaux de ces ſortes de ſaiſies ; on les trouvera presque tous sans profit. Les uns diront avoir fait la saisie hors de saison, d'autres que les abeilles avoient souffert.

Mais quand même les saisies seroient de quelque profit. valent-elles le préjudice & le désordre qu'elles causent dans le Royaume ; car ce n'est pas à un Particulier seul à qui ce malheur arrive, c'est à une infinité de bons sujets du Roi, qui ne peuvent plus s'en relever.

Si au contraire, il plaisoit à la bonté du Roi, de défendre & annuller ces sortes de saisies, en faveur du mérite des abeilles ; il est certain qu'on verroit bien-tôt l'abondance du miel & de la cire dans toute l'étendue du Royaume ; parce que chacun mettroit son attention à multiplier le nombre des ruches, qui se trouveroient pour ſors à labri d'un Privilége ſi Béni.

Pour lors les pauvres Laboureurs ne craindroient plus de voir périr leurs familles.

Parce qu'ils trouveroient toutes les années un ſecours dans les ventes qu'ils feroient de leur cire & du miel, s'il leur en reſtoit au-delà de leur néceſſaire, par conſéquent ils ſeroient en état de payer leurs tailles ſans contrainte.

Je ne parlerai point du travail aſſidu des abeilles, ni de la maniere dont elles ſe conduiſent & gouvernent dans leurs communautés; elles ſont aſſez connues de tout le monde, principalement par les louanges que pluſieurs Sçavans ont fait dans leurs relations & diſſertations.

Au ſurplus, les abeilles ne

demandent qu'un peu de ſoin ; car pour leur nourriture, elles ne coutent rien, elles ſçavent la trouver dans la recherche qu'elles font des fleurs, ou tout ce qui leur eſt néceſſaire pour leur travail ſe rencontre ; principalement dans celles des grands Tourneſols ou Soleils, dont nous avons parlé dans le Chapitre précedent ; c'eſt pourquoi ceux qui ont des abeilles dans leurs Campagnes ou Jardins, ne ſçauroient mieux faire que d'en planter à une diſtance de leur portée ; d'autant que preſque toutes les autres fleurs ſe trouvent paſſées dans le tems que celles-ci ſont en vigueur ſur l'arriere ſaiſon, & pleines d'excellentes vertus pour le miel.

On ne voit point d'inſectes ſur la terre qui ayent été plus

favoriſés du divin Créateur que les abeilles, puiſque tout ce qui ſort d'elles, eſt rempli de vertus ineſtimables, outre la cire & le miel, en voici une autre des plus ſingulieres, laquelle conſiſte à ramaſſer au bas des ruches, les fiantes ou œufs, leſquels étant expoſés au Soleil, il en éclos d'autres petites mouches, qui ne ſont point abeilles, mais qui ſont de figures rondes, griſes, picotées de noir; elles ne ſont pas plus groſſes que des têtes de groſſes épingles, elles volent, leur nom eſt abeillets ou chaſſes Calandres. Chaque Province leur donne un nom différent.

En effet, ſitôt qu'on les a portées & introduites dans les greniers ou granges, elles en chaſſent toutes les Calandres, dits auſſi Charenſons, qui creusent tous les grains de bled.

Il n'est pas besoin de renouveller souvent ces petits abeillets ou chasses Calandres, ils ne sortent plus des granches ni des greniers, lorsqu'on les y a une fois introduits, ils y multiplient & ni font jamais aucun mal.

Ne pourroit-on pas les appeller conservateurs des bleds. Pour moi je pense que c'est par une antipatie qui agit entre ces deux insectes.

CHAPITRE VII.

Qui enseigne la maniere de nourrir & engraisser la volaille sans grain, à peu de frais.

MOnsieur de Reaumur a donné au Public la façon

de faire naître des poulets en quantité, sans faire couver les œufs aux poules.

Et moi je veux enseigner le moyen assuré de nourrir & engraisser sans grain, & à peu de frais toutes sortes de volailles; d'autant que mon dessein a été en composant ce petit Livre, d'y traiter de tout ce que je pouvois sçavoir, pour procurer l'abondance dans le Royaume.

Cette maniere d'engraisser la volaille, est d'une épargne considérable des grains qu'on leur donne ordinairement; ils aiment bien mieux les vers de terre, qu'ils préférent à toute autre mangeaille.

Il s'agit donc d'en faire naître abondamment à peu de frais.

Pour cet effet il faut avoir une maison de Campagne, au-devant de laquelle on fait quantité de fosses, autant qu'on le juge à propos, suivant la quantité de volaille qu'on veut élever & nourrir ; il faut que chaque fosse soit d'environ une toise en quarré, & profonde d'environ trois pieds. On doit les garnir à l'entour en dedans d'une muraille sans maçonnerie ; on remplit cette fosse de terre, au milieu de laquelle il faut faire un trou, capable de contenir deux plains barils de sang de bœuf, qu'on tire des Turies des Bouchers ; ensuite on couvre ce sang de terre, sur laquelle fosse on doit mettre des ronces ou des fagots, avec des pierres, afin que les volailles n'y puissent pas gratter par dessus, avant que les vers soient bien formés.

Il faut commencer ces sortes

de fosses en été, afin que la chaleur du Soleil y puisse mieux opérer qu'en hyver. Cependant dans quelque saison que ce soit, sitôt que les vers d'une fosse sont mangés, il faut incontinent la renouveller comme la premiere fois

On doit attendre pour le moins trois mois que les fosses soient faites, afin qu'elles puissent être bien garnies de vers, avant d'entreprendre d'y mettre de la volaille. Lorsqu'on veut ouvrir une fosse, ce doit être toujours par le côté qui regarde le midy, afin que les poulets y puissent gratter & manger à l'abri du froid.

Cette entrée doit être faite en forme de vallon, qui aboutisse au pied de la muraille, dont il faut ôter les pierres, afin que la volaille y puisse facilement deſcendre & monter.

Nota. qu'on ne doit ouvrir les foſſes que l'une après l'autre, excepté que le grand nombre de volaille ne demande beaucoup d'eſpace.

Il me ſemble déja entendre la voix de tous les François, ſe dire les uns aux autres, après avoir vû les heureux ſuccès.

Oui certainement, NOTRE BIEN-AIMÉ SOUVERAIN MONARQUE LOUIS XV. eſt auſſi le bien-aimé de Dieu; puiſqu'il a choiſi ſon Regne, pour y faire naître l'abondance.

FIN.

PROPORTIONS DES POIDS,

Pour le mélange des Sels de production ou Essence de fécondité, avec les jus des quatre fumiers dit menstrue.

Poids du Sel de fécondité.		Poids du menstrue.
	℔	℔
à . 1.	de Sel. . .180.	de menstrue.
à . .	½ ℔. . . . .90.	
à . . .	4 once. . . .45.	
á . . .	2 onces. . . .22.	8 onces.
à . . .	1 once. . . .11.	[illegible] onces.
à . . .	½ once . . . .5.	10 onces.
à . . .	¼ d'once. . . . .2.	13 onces.
à deux	gros. . . . . . 1.	6 onces. ½
à un	gros.	11 onces. ¼
à demi	gros.	5 onces. ½

APPROBATION.

J'Ai lû par l'Ordre de Monseigneur le Chancelier, un Manuscrit intitulé *l'Abondance, ou la maniere de multiplier les grains, les fruits, & tous les végetaux*. Il est très-avantageux à la Societe civile de vérifier les expériences, que l'Auteur propose. A Paris ce 18 Mai 1752.

LE MONIER.

PRIVILEGE DU ROY.

LOUIS PAR LA GRACE DE DIEU, Roi de France & de Navarre : A nos amez & féaux Conseillers les Gens tenans nos Cours de Parlement, Maîtres des Requêtes ordinaires de notre Hôtel, Grand-Conseil, Prevôt de Paris, Baillifs, Sénéchaux, leurs Lieutenans Civils & autres nos Justiciers qu'il appartiendra; SALUT : Notre amé le Sieur PIERRE BRODIN DE LA JUTAIS, Nous a fait exposer qu'il désireroit faire imprimer & donner au Public un Ouvrage de sa composition qui a pour titre : *L'A-*

bondance ou la véritable Pierre Philosophale. S'il nous plaisoit lui accorder nos Lettres de Permission pour ce nécessaires : A CES CAUSES, voulant favorablement traiter l'Exposant, Nous lui avons permis & permettons par ces Presentes de faire imprimer ledit Ouvrage en un ou plusieurs volumes, & autant de fois que bon lui semblera, & de le faire vendre, & débiter par tout notre Royaume, pendant le tems de trois années consécutives, à compter du jour de la date des Présentes ; faisons défenses à tous Imprimeurs, Libraires, & autres personnes de quelque qualité & condition qu'elles soient d'en introduire d'impression étrangere dans aucun lieu de notre obéissance : à la charge que ces Présentes seront enregistrées tout au long sur le Registre de la Communauté des Imprimeurs & Libraires de Paris, dans trois mois de la date d'icelles, que l'impression dudit Ouvrage sera faite dans notre Royaume & non ailleurs, en bon papier & beaux caracteres, conformément à la feuille imprimée attachée pour modèle sous le contre-scel des Présentes, que l'Impétrant se conformera en tout aux Réglemens de la Librairie, & notamment à celui du 10 Avril 1725. qu'avant de l'exposer en vente, le Manuscrit qui aura servi de copie à l'impression dudit Ouvrage sera remis dans le même état où l'approbation y aura été donnée, ès mains de notre très cher & féal Chevalier Chancelier de France, le Sieur Delamoignon, & qu'il en sera ensuite remis deux Exemplaires dans notre Bibliothéque publique, un dans celle de notre Château du Louvre, un dans celle de notredit très-cher & féal Chevalier Chancelier de France le sieur Delamoignon, & un dans celle de notre très-cher & féal Chevalier Garde des Sceaux de France le sieur de Machault, Commandeur de nos Ordres. Le tout à peine de nullité des Présentes; Du contenu desquelles Vous mandons & enjoignons de faire jouir ledit Exposant & ses ayans causes, pleinement & paisiblement, sans souffrir qu'il leur soit fait aucun trouble ou empêchement; Voulons que la copie des Présentes, qui sera imprimée tout au long au commencement ou à la fin dudit Ouvrage, foi soit ajoutée comme à l'Original: Commandons au premier notre Huissier ou Sergent, sur ce requis, de faire pour l'exécution d'icelle, tous Actes requis & nécessaires, sans demander autre permission, & nonobstant clameur de Haro, Charte Normande, & Lettres à ce contaires. CAR tel est notre plaisir. Donné à Versailles le vingt-troisiéme jour du mois de Juin l'an de grace mil sept cent cinquante-deux, & de notre Régne le trente-septiéme. PAR LE ROI EN SON CONSEIL, SAINSON.

Registré sur le Registre XII. *de la Chambre Royale des Libraires & Impri-*

neurs de Paris, N°. 814. *Fol.* 653. *conformément au Réglement de* 1723. *qui fait défenses art.* 4. *à toutes personnes de quelque qualité qu'elles soient, autre que les Libraires & Imprimeurs, de vendre, débiter & faire afficher aucuns Livres pour les vendre en leurs noms, soit qu'ils s'en disent les Auteurs ou autrement; & à la charge de fournir à la susdite Chambre neuf Exemplaires prescrits par l'art.* 108. *du même Réglement. A Paris ce* 14 *Juillet* 1752.

Signé, COIGNARD, *Syndic.*

www.ingramcontent.com/pod-product-compliance
Ingram Content Group UK Ltd.
Pitfield, Milton Keynes, MK11 3LW, UK
UKHW020312220726
13923UKWH00003B/1096